# ENQUÊTE

SUR

LA SITUATION ET LES BESOINS

DE

# L'AGRICULTURE

## QUESTIONNAIRE GÉNÉRAL

RÉPONSES FAITES

PAR LE

## COMICE AGRICOLE DE St-GEORGES-SUR-LOIRE

(*MAINE-ET-LOIRE*)

DIX COMMUNES.

ANGERS
IMPRIMERIE DE LAINÉ FRÈRES

1866

# ENQUÊTE

SUR

LA SITUATION ET LES BESOINS

DE

# L'AGRICULTURE

QUESTIONNAIRE GÉNÉRAL

RÉPONSES FAITES

PAR LE

COMICE AGRICOLE DE St-GEORGES-SUR-LOIRE

(*MAINE ET LOIRE*)

DIX COMMUNES.

ANGERS

IMPRIMERIE DE LAINÉ FRÈRES

1866

# QUESTIONS.

## I.

## CONDITIONS GÉNÉRALES DE LA PRODUCTION AGRICOLE.

### § 1er — ÉTAT DE LA PROPRIÉTÉ TERRITORIALE.

1. De quelle manière est divisée la propriété territoriale dans la contrée sur laquelle porte l'enquête ?

Quelles sont les étendues de terrains qui, dans la contrée, sont considérées comme constituant les grandes, les moyennes et les petites propriétés ?

Quelles sont les proportions relatives de ces diverses natures de propriétés ?

La culture est extrêmement variée dans le canton, et la division de la propriété l'est de même.

Il faut d'abord distinguer les terres hautes et celles de la Vallée.

La Vallée comprend la commune de Béhuard, une très-petite portion de la Possonnière, une partie de Saint-Georges, de Saint-Germain et de Champtocé. Elle contient des prés et des terres labourables : les prés sont divisés en parcelles de 10 ares à 4 et 5 hectares. — Les terres labourables en parcelles de 10 ares à 2 et 3 hectares.

Les terres hautes, sauf les environs des bourgs, et les vignes, qui donnent de petites parcelles et les bois qui n'en offrent que d'assez grandes, sont divisées en corps de ferme de 1 ou de 2 hectares, à 50 et même 60 hectares.

Les petites fermes n'ont généralement pas de bœufs, s'appellent closeries, et font labourer leurs terres par les grosses fermes, qu'on nomme métairies.

*

Les propriétés territoriales se composent de 1 hectare, à 300 et 400 hectares.

Une étendue de 150 hectares peut être considérée comme une grande propriété.

De 40 à 50 hectares, moyenne propriété.

Au-dessous de 40 hectares, petite propriété.

Il y a dans le canton vingt terres au-dessus de 150 hectares.

On peut évaluer les terres labourables comme formant environ les 7|10 du sol; les prés un peu plus de 1/10; les bois environ 1/10; les vignes 1/30 environ. — Le cadastre donne des mesures certaines à cet égard.

2. Quelle influence les changements qui ont pu avoir lieu depuis les trente dernières années dans la division de la propriété ont-ils exercée sur les conditions de la production ?

La plus grande division de la propriété doit avoir augmenté la quantité des produits et en avoir multiplié les diverses natures : il doit y avoir plus de jardinage, plus de petites cultures.

3. En quelle proportion compte-t-on, parmi les ouvriers agricoles, ceux qui, propriétaires de lots de terre plus ou moins importants, travaillent alternativement pour eux et pour les autres ?

Presque tous les habitants de la Vallée sont propriétaires; ceux, en grand nombre, qui ne possèdent qu'un lot de terre insuffisant pour les occuper et les nourrir, prennent des terres à loyer, ou donnent des journées.

Dans les terres hautes, les petits closiers, tous ceux qui n'ont à loyer que peu, ou point de terres, se procurent du travail à la journée, ou à la tâche, ou se louent pendant le temps de la moisson ou des semailles.

## § 2. — MODE D'EXPLOITATION.

4. Quels sont les divers modes d'exploitation du sol? Dans quelles proportions existent la grande, la moyenne et la petite culture ?

Les propriétaires de vignes les cultivent eux-mêmes, ou les font cultiver sous leurs yeux.

Les bois sont généralement exploités par les propriétaires, ou sous leur inspection.

Les terres de la Vallée sont en grande partie exploitées par leurs propriétaires. Une notable partie des prés est attachée aux fermes des terres hautes.

Les terres hautes sont divisées en corps de fermes, comme nous l'avons dit au N° 1er, affermées en argent avec quelques redevances en nature.

Le métayage, ou affermement à moitié des produits, était autrefois, il y a 80 ans, assez en usage; il a été à peu près abandonné; cependant plusieurs propriétaires paraissent disposés à y revenir, quelques-uns y sont déjà revenus, dans le but principalement d'améliorer leurs terres, d'y perfectionner l'agriculture.

5. Les grands propriétaires, les propriétaires moyens et les petits propriétaires exploitent-ils généralement par eux-mêmes ou font-ils exploiter sous leurs yeux et à leur compte ?

Il n'y a dans le canton qu'un seul grand propriétaire exploitant par lui-même.

6. Quelle est, parmi les grands, moyens ou petits propriétaires, la proportion de ceux qui louent leurs terres à des fermiers ou les font cultiver par des métayers ?

La réponse est ci-dessus.

7. Lorsque le régime du métayage existe, est-il d'usage qu'il y ait pour plusieurs domaines un fermier général servant d'intermédiaire entre les propriétaires et les métayers ?

Il n'y a point de fermiers-généraux dans le canton.

## § 3. — TRANSMISSION DE LA PROPRIÉTÉ.

8. Quels sont, pour les différentes espèces de propriétés et pour les divers genres d'exploitation, les prix de vente des terres suivant leur qualité, les variations que ces prix ont pu subir depuis un certain temps en remontant à trente ans au moins, et les causes de ces variations ?

Les prix de vente se sont généralement élevés depuis 30 à 40 ans; peu pour les terres de vallée, dont la culture a peu changé; beaucoup plus pour les terres hautes, dont la culture s'est fort améliorée et dont le prix de location a augmenté d'un quart environ depuis 40 ans (le prix de vente a suivi cette augmentation) ; peu pour les vignes, qui pendant plusieurs années, ont très-peu produit à cause de l'oïdium, davantage pour les bois, dont la superficie se vend assez bien ; mais depuis trente ans, il s'est peu vendu dans le canton de terrains plantés en bois.

9. Les domaines sont-ils ordinairement conservés dans une seule main au moyen d'arrangements de famille particuliers, ou sont-ils divisés entre les

enfants ou les héritiers à la mort du chef de famille, ou enfin sont-ils habituellement vendus ? Quelles sont les conséquences produites dans l'un ou l'autre cas ?

Je ne crois pas que, depuis 40 ans, il y ait eu dans le canton un seul domaine laissé indivisé dans une même main, à la mort du chef de famille. Les héritages sont ordinairement partagés, quelquefois vendus ; dans les deux cas, il en résulte une plus grande division de la propriété.

10. Les ventes de terres ont-elles lieu plus particulièrement en bloc ou au détail ? Dans quelles proportions se pratiquent ces deux modes de vente ? Quelles sont les différences de prix suivant que l'un ou l'autre est employé ?

Les terres se vendent souvent en détail dans l'espoir d'arriver à un prix plus élevé ; suivant la position et les circonstances, on peut quelquefois doubler le prix. On vend en bloc les fermes éloignées des bourgs, et les terres un peu considérables qui entourent une maison d'habitation de quelque importance.

## § 4. — CONDITIONS DE LA LOCATION DE LA PROPRIÉTÉ.

11. Quels sont les prix de location des terres suivant leurs diverses qualités et dans les différents modes de constitution et d'exploitation de la propriété ? Quelles variations ces prix ont-ils subies depuis trente ans au moins et quelles ont été les causes de ces variations ?

Les terres de Vallée, dénommées au cadastre *terres d'exception*, peuvent s'affermer 150 fr. à 300 fr. l'hectare.

Les terres hautes cultivées ordinairement en céréales s'afferment de 50 fr. à 65 fr. l'hectare.

Les prés de 150 à 250 fr., dans la Vallée.

Les prés, dans la partie haute, de 70 à 100 fr.

Les terres propres aux céréales étaient affermées, il y a 30 ans et plus, de 30 à 40 fr. l'hectare. — Quelques propriétaires, ayant pu profiter de la concurrence entre plusieurs fermiers, qui se présentaient pour la même ferme, ont augmenté le prix de location ; cet exemple a trouvé des imitateurs ; les fermiers ont changé leur méthode de cultiver : ils ont diminué, puis presque supprimé les jachères, varié les assolements, etc. Les progrès de l'agriculture, excités par les comices et par quelques bons exemples, sont devenus une nécessité imposée par l'augmentation des prix de fermes ; ils ont peut-être été un effet, autant qu'une cause.

12. Quelles sont les conditions des baux à ferme, leur durée habituelle, les

obligations qu'ils imposent aux fermiers indépendamment du paiement du fermage, notamment sous le rapport des redevances de toute espèce?

13. Quelles sont le plus habituellement la nature et la valeur de ces redevances? Quelles modifications ont eu lieu dans les baux, sous ce dernier rapport particulièrement, depuis trente ans environ?

Quels sont les divers modes de paiement du prix de location des terres par les fermiers? Ce paiement se fait-il pour la totalité ou pour partie, soit en argent, soit en nature? Pour le paiement en argent, le prix est-il fixé d'avance et reste-t-il invariable pendant toute la durée du bail, ou se règle-t-il d'après le cours des grains constaté par les mercuriales? Pour le paiement en nature, quelles conditions spéciales sont imposées?

La durée habituelle des baux à ferme est de 9 ans, quelquefois de 3, 6, ou 9 ans. Les propriétaires, qui habitent dans le voisinage des fermes, imposent ordinairement des redevances en nature, des charrois, etc. Ces redevances n'excèdent pas habituellement le dixième du prix de ferme total, lequel est payé en argent, en deux termes fixés d'avance pour tout le cours du bail.

14. Quelles sont les clauses et conditions des contrats de métayage?

Le propriétaire fournit la moitié des bestiaux, la moitié et souvent les deux tiers des engrais étrangers; la moitié des impôts est à la charge du métayer, qui fournit tout l'outillage et toute la main d'œuvre.

Tous les produits sont partagés par moitié, sauf le beurre et les légumes du jardin, qui sont abandonnés au métayer.

## § 5. — CAPITAUX. — MOYENS DE CRÉDIT.

15. Quel est le montant du capital de première installation dans une exploitation d'une importance donnée, et quel est le montant du capital de roulement?

Dans une ferme de 40 à 50 hectares, les frais de première installation devraient être de 8 à 10,000 fr.; le capital de roulement devrait être de 100 fr. par hectare. — Les fermiers du pays sont loin d'avoir ces capitaux.

16. Ces capitaux suffisent-ils aux besoins de la culture, au perfectionnement des procédés agricoles et à l'amélioration des terres?

La plupart des fermiers du pays commencent par exploiter de petites fermes avec un petit nombre de bestiaux, dont ils augmentent graduellement le nombre et la qualité; quand ils parviennent à une grande ferme, ils ont encore un bétail insuffisant qu'ils accroissent peu à peu à force de travail et d'économie. — En général, les fermiers manquent de capitaux. — Ils font souvent attendre au propriétaire le paiement de chaque terme et suppléent ainsi au capital de roulement qui leur manque. Ceux qui ont des économies, au lieu de les employer en améliorations de toutes sortes, engrais, bestiaux, outillage, préfèrent souvent les placer en petites acquisitions immobilières.

17. Si les capitaux n'existent pas ou ne se trouvent pas en quantités suffisantes entre les mains de ceux qui possèdent les propriétés rurales ou qui les exploitent, comment ceux-ci peuvent-ils se les procurer ? Quelles facilités ou quels obstacles rencontrent-ils à cet égard ?

18. A quel taux l'argent qui leur est nécessaire leur est-il habituellement fourni ?

19. Dans le cas où la situation actuelle du crédit agricole serait considérée comme défectueuse, par quels moyens et par quelles modifications à la législation existante serait-il possible de l'améliorer ?

20. Les emprunts faits par les propriétaires ou les exploitants du sol sont-ils consacrés exclusivement à l'amélioration des terres et au développement de la culture ?

Le propriétaire peut emprunter ; le fermier ne le peut guère ; s'il emprunte, c'est pour payer ses dettes, et non pas pour faire des améliorations ; ce sont de petites sommes, à des particuliers, sur simple billet, quelquefois chez des notaires — ordinairement c'est à 5 p. 0/0. — Une institution de crédit serait peu utile aux fermiers. — Elle pourrait peut-être servir aux propriétaires, qui voudraient faire de grandes améliorations agricoles. Dans l'état actuel des choses, les propriétaires empruntent pour subvenir à des dépenses extraordinaires, acquisitions, constructions, réparations, etc... S'ils empruntent pour suppléer à l'insuffisance de leur revenu, ils marchent à la ruine.

21. Quelle est aujourd'hui, comparée à ce qu'elle était à d'autres époques, la situation hypothécaire de la propriété rurale ? Quelle est particulièrement cette situation pour le propriétaire exploitant et pour le propriétaire non exploitant ?

La dette hypothécaire augmente, comme les dépenses de luxe et à cause d'elles.

22. Quelle a été l'influence exercée sur l'emploi des capitaux et des épargnes agricoles par le développement qu'a pris la fortune mobilière et par la création de valeurs de toute nature ?

Quelques propriétaires placent des capitaux sur les fonds publics, sur les entreprises industrielles de toutes natures, incités à cet emploi de leur capital par l'élévation de l'intérêt promis, par les primes et loteries de toute espèce. Les placements agricoles ne séduisent pas par d'aussi brillantes promesses. Quant aux fermiers, ils n'ont pas encore recours, fort heureusement, à de pareils emplois de leur argent.

## § 6. — SALAIRES. — MAIN-D'ŒUVRE.

23. Les salaires des ouvriers de la culture ont-ils augmenté, et dans quelle proportion ?

Les salaires des ouvriers de la culture, depuis 30 à 40 ans, ont fort augmenté. Autrefois on payait les hommes de 1 fr., à 1 fr. 25, et les femmes de 0 fr. 75 c. à 1 fr. sans nourriture.

Dans le temps des moissons, ces prix augmentaient; ceux qui travaillaient à la moisson étaient payés ordinairement par une part dans les grains récoltés.

Maintenant les hommes pendant l'été sont payés au moins 2 fr. et nourris.

Les domestiques agricoles à l'année étaient payés, les hommes 100 à 150 fr.; les femmes 50 à 60 fr.

Aujourd'hui les hommes se gagent 250 à 350 fr. au moins et les femmes 140 à 180 fr.

24. En a-t-il été de même des salaires des ouvriers et des domestiques autres que les domestiques employés pour la culture ?

Les ouvriers d'état, maçons, charpentiers, etc., ont encore augmenté davantage le prix de leur journée. De 1 fr. 25 à 1 fr. 50, ce prix s'est élevé à 2 fr. 50, et même 3 fr.

25. Quelles sont les causes de l'augmentation des salaires ?

Les causes de l'augmentation des salaires sont la rareté des bras dans les campagnes, tant pour les ouvriers agricoles, que pour les ouvriers d'état ; les uns et les autres sont attirés dans les villes par des travaux de toute espèce. — On reconstruit aussi et on accroît beaucoup de bâtiments ruraux.

26. Le personnel agricole a-t-il diminué ? Le nombre des ouvriers ruraux est-il en rapport avec les besoins de la culture, ou est-il devenu insuffisant ?

Le nombre des ouvriers agricoles est devenu insuffisant.

27. S'il y a insuffisance d'ouvriers agricoles, quelles en sont les causes ?

Cette insuffisance a pour causes le service militaire, qui enlève chaque année les hommes les plus valides, et l'émigration des jeunes gens vers les villes, où ils sont attirés par la perspective des plaisirs et de salaires plus élevés pour des travaux moins pénibles.

28. Le mouvement d'émigration des populations rurales vers les villes et l'abandon du travail des champs pour le travail industriel se sont-ils produits dans des proportions sensibles ?

29. En cas d'affirmative, quelle est la proportion, dans ce mouvement d'émigration, entre le nombre des hommes seuls, celui des ménages et celui des femmes ou des filles seules ?

Le mouvement d'émigration vers les villes est sensible pour les deux sexes. La population diminue, ou reste stationnaire dans les campagnes ; si elle augmente quelque part, c'est dans les villes. — Ce sont en général les célibataires, et non pas les ménages, qui abandonnent les campagnes.

30. Les ouvriers qui émigrent des campagnes vers les villes sont-ils des terrassiers ou des ouvriers agricoles ? Appartiennent-ils, au contraire, à des corps d'état tels que maçons, charpentiers, etc., ou à la classe des domestiques de maison ?

L'émigration vers les villes a lieu dans toutes les professions, ouvriers agricoles, ouvriers d'état, domestiques de maison, militaires revenant du service. Ces derniers ont quelquefois peine à reprendre les travaux des champs.

31. Le manque de bras, là où il se fait sentir, provient-il uniquement de la diminution du nombre des ouvriers agricoles ? Ne résulte-t-il pas, dans une certaine mesure, des progrès de l'agriculture, et, notamment, de l'extension donnée aux cultures industrielles dont les travaux sont plus multipliés et exigeraient, dès lors, un personnel plus considérable pour une même surface cultivée ?

32. L'insuffisance des ouvriers agricoles ne provient-elle pas aussi de ce qu'un certain nombre d'entre eux, devenus propriétaires, travaillent une partie du temps sur leur propriété et n'offrent plus leurs services ou les offrent moins à ceux qui les employaient autrefois ?

Les progrès de l'agriculture, l'extension donnée à certaines cultures qui exigent un personnel plus nombreux, la division des propriétés, l'accroissement du nombre des petits propriétaires obligés de travailler pour eux, de leurs bras, sans avoir recours aux machines, toutes ces causes peuvent contribuer, dans une cerlaine mesure, à l'insuffisance des bras, mais la cause principale c'est l'émigration vers les villes.

33. L'insuffisance ne peut-elle pas être attribuée en partie à ce que les familles seraient moins nombreuses aujourd'hui qu'autrefois ?

Les familles sont peut-être moins nombreuses qu'autrefois dans les bourgs, mais parmi les fermiers, on ne remarque pas de diminution : les enfants, d'abord une charge, deviennent une richesse dès qu'ils grandissent.

34. Quelle a été l'influence exercée sur la diminution du personnel agricole, sur le taux des salaires et de la main-d'œuvre par l'emploi des machines dans l'agriculture ? L'emploi de ces machines s'est-il déjà étendu dans la contrée et a-t-il une tendance à se vulgariser de plus en plus ?

35. L'usage des machines à battre, particulièrement, n'a-t-il pas enlevé du travail aux ouvriers agricoles à une certaine époque de l'année, et ces ouvriers n'ont-ils pas dû exiger une augmentation de salaire pour les autres travaux ? N'y a-t-il pas là aussi une cause d'émigration ?

Les machines à battre sont les seules jusqu'à présent bien établies dans le canton; leur emploi tend à devenir général. Les faucheuses, faneuses, moissonneuses ne sont presque pas en usage. Ce ne sont pas les machines qui ont fait et qui feront diminuer le nombre des ouvriers ruraux, c'est le manque de bras qui favorisera forcément l'introduction des machines et en multipliera le nombre.

36. La manière de moissonner n'a-t-elle pas subi des modifications et n'exige-t-elle pas un personnel moins nombreux que par le passé ?

Les faucilles-sapes ont généralement remplacé les faucilles à dents et font beaucoup plus d'ouvrage.

37. La somme de travail obtenue des ouvriers agricoles est-elle plus ou moins considérable que par le passé ?

La somme du travail obtenue de chaque ouvrier rural est peut-être moindre que par le passé; s'il travaille davantage dans un temps donné, il perd des journées entières, il chôme quelquefois le lundi. Ce déplorable abus du lundi est presque général chez les compagnons ouvriers d'état.

38. Les conditions d'existence de cette partie de la population se sont-elles améliorées ? S'est-il produit des modifications favorables dans la manière

dont elle est nourrie, dont elle est vêtue et logée ? Son bien-être général s'est-il accru, et dans quelle mesure ?

L'instruction primaire est-elle dirigée dans un sens favorable à l'agriculture, et quelle est son influence sur le choix des professions ?

Les Sociétés de secours mutuels sont-elles suffisamment répandues dans les campagnes ?

L'assistance publique y est-elle convenablement organisée ?

La population agricole est en général mieux nourrie, mieux vêtue, mieux logée ; ses conditions d'existence se sont sensiblement améliorées ; mais ce n'est pas seulement le bien-être, c'est le luxe qui s'est accru, et aux dépens de l'épargne si nécessaire au cultivateur.

L'instruction primaire n'est point dirigée dans un sens favorable à l'agriculture ; on ne s'en occupe pas dans les écoles. Il faudrait tâcher d'inspirer aux enfants l'amour de l'agriculture et du séjour des champs ; l'instruction primaire tend à amener des résultats tout opposés. (Voir ci-après aux questions générales.)

Il n'existe que deux sociétés de secours mutuels dans le canton ; elles sont plutôt composées d'ouvriers d'état, que dë cultivateurs.

Il n'y a point d'assistance publique organisée ; chaque commune secourt ses pauvres selon ses ressources.

39. S'est-il opéré des changements dans l'état moral des ouvriers de la campagne ? Leurs relations avec ceux qui les emploient sont-elles moins faciles qu'autrefois ? Quels sont les résultats et les causes des changements survenus sous ce rapport ?

Les ouvriers agricoles deviennent de plus en plus exigeants et difficiles à conduire. Ils sentent qu'on a besoin d'eux. — L'esprit d'indépendance va croissant, comme le relâchement des mœurs, l'abandon des pratiques religieuses et la fréquentation des cabarets.

40. Y aurait-il avantage à étendre aux ouvriers agricoles les dispositions de la loi du 22 juin 1854 relative aux livrets ?

Il serait bon d'étendre l'obligation du livret à tous les ouvriers de la campagne, hommes et femmes.

41. Le nombre des ouvriers nomades qui viennent se mettre à la disposition des cultivateurs pour les grands travaux de la moisson et de la vendange est-il plus ou moins considérable aujourd'hui que par le passé ? Quelle

influence les faits de cette nature exercent-ils sur la condition des ouvriers sédentaires et sur leurs rapports avec ceux qui les emploient?

Il ne vient pas d'ouvriers nomades dans le canton.

## § 7. — ENGRAIS. — AMENDEMENT DES TERRES.

42. Quels sont les divers engrais ou amendements dont l'agriculture fait usage dans le pays?

On emploie beaucoup de chaux; elle se trouve dans le voisinage. — On a aussi recours à la charrée, au noir de raffinerie, au guano, à la poudrette, aux balayures des rues.

43. La production du fumier est-elle suffisante? Y a-t-il besoin d'y suppléer par l'achat d'engrais naturels ou artificiels?

Les fumiers des fermes ne sont pas en général assez bien soignés; il s'en fait une notable déperdition; mais ils ne seront jamais suffisants pour une bonne culture, sans y joindre les engrais artificiels.

44. Pour une étendue donnée de terres, combien a-t-on ordinairement de chevaux, d'animaux de race bovine, ovine, porcine, etc.? Ce nombre est-il ce qu'il devrait être eu égard à l'importance de l'exploitation? Est-il suffisant pour donner la quantité de fumier nécessaire? S'il ne l'est pas, quelles sont les circonstances qui s'opposent à ce qu'il atteigne la proportion voulue?

Sans compter les porcs, qui ne sont jamais nombreux, ni les moutons, qui sont en très-petit nombre et ne restent point en permanence sur la ferme, on compte par hectare environ 3/4 de tête de bétail, race bovine, ou chevaline. Pour arriver à une tête par hectare, il faudrait étendre beaucoup les cultures fourragères, et pour cela augmenter beaucoup les engrais étrangers. On le sait, mais on manque de capitaux.

45. Quels sont les frais que l'agriculture a à supporter pour l'achat d'engrais naturels ou artificiels? Trouve-t-elle à cet égard des facilités et des garanties suffisantes? Que pourrait-il être fait pour augmenter ces facilités et ces garanties?

L'agriculture peut se procurer la chaux avec une grande facilité : elle coûte, prise aux fours à chaux, 0 fr. 80 c. ou 0 fr. 90 c. l'hectolitre; la distance à parcourir est de 8 à 10 kilom.; il faut payer le passage sur les ponts de la Loire.

Il serait très-utile d'améliorer les chemins vicinaux et les chemins ruraux.

46. A quelles dépenses l'agriculture de la contrée a-t-elle à faire face pour le chaulage, le marnage ou autres amendements des terres, et quelles difficultés peuvent s'opposer à ce qu'on se procure les matières les plus propres à améliorer la qualité du sol et à augmenter sa force de production ?

Il n'y a pas de marne dans le canton ; il serait nécessaire de surveiller la qualité des engrais artificiels, ou exotiques.

## § 8. — AUTRES CHARGES DE LA CULTURE.

47. Quels sont les frais accessoires que supporte la culture pour la construction et l'entretien des bâtiments ruraux et leur assurance contre l'incendie ? Comment ces frais se répartissent-ils entre les propriétaires des biens ruraux et ceux qui les exploitent ?

La nécessité d'augmenter le nombre des bestiaux, afin d'obtenir plus d'engrais et de remplacer autant que possible le blé par la viande, oblige à multiplier les constructions nouvelles, qui sont à la charge du propriétaire ; le fermier n'y contribue que par le charroi des matériaux.

48. Quelles sont les charges qu'imposent aux cultivateurs l'assurance de leurs récoltes contre l'incendie ou la grêle et l'assurance contre la mortalité des bestiaux ?

Le propriétaire fait ordinairement assurer contre l'incendie sa propriété immobilière ; le fermier ou locataire fait assurer ses valeurs mobilières, bestiaux, récoltes, etc.

Ces charges varient suivant les compagnies auxquelles on s'adresse.

Les assurances contre la mortalité des bestiaux n'ont pas réussi.

49. Quels sont les frais d'achat et d'entretien du matériel agricole ?

Pour une ferme de 40 à 50 hectares, le matériel agricole peut s'élever à 2,000 fr. et l'entretien de ce matériel à 10 0/0 par année.

50. Quelles sont les autres charges qui incombent à l'agriculture ?

Une des plus grandes charges qui incombent à l'agriculture, c'est le service militaire. Chaque année, les hommes les plus valides sont enlevés à l'agriculture et à peu près perdus pour elle.

II.

# CONDITIONS SPÉCIALES DE LA PRODUCTION AGRICOLE.

## § 9. — PROCÉDÉS DE CULTURE. — ASSOLEMENTS.

51. Quels sont, aujourd'hui, pour la grande, la moyenne et la petite culture, les divers modes d'assolement, et particulièrement ceux qui sont le plus fréquemment suivis ?

Les terres de Vallée sont ensemencées tous les ans, alternativement en chanvre, en lin, et en froment. On y voit, exceptionnellement et en petite quantité, des pommes de terre, des betteraves, des choux, des trèfles.

Pour les terres hautes, il y a quarante ans, l'usage était l'assolement triennal, 1/3 en pâture, 1/3 en labour, 1/3 en seigle ou froment. — Maintenant, presque plus de seigle, 1/3 en froment; pour les deux autres tiers, assolement très-varié : prairies artificielles, céréales de printemps, orge ou avoine, vesceaux, trèfles, choux, racines fourragères, plantes industrielles.

52. Quelles modifications ont été apportées, sous ce rapport, à l'ancien état de choses ?

La réponse est ci-dessus.

53. Quelle est l'étendue des terres affectées à chaque culture? La proportion qui existe entre les différentes cultures est-elle motivée par la nature du sol et par la qualité des terres, ou est-elle déterminée par les facilités qu'offre le placement de certains produits? Doit-elle être considérée comme étant la plus profitable au producteur, et si elle n'est pas ce qu'elle devrait être, quelles sont les circonstances qui mettent obstacle à ce qu'elle soit modifiée ?

Il est difficile de déterminer l'étendue de terre affectée à chaque culture ; elle varie d'une ferme à une autre, suivant la nature du sol et les variations de la température, suivant aussi la valeur des divers produits. On peut dire en général 1/3 en froment ; 2/3 en prairies artificielles, trèfles, plantes et racines fourragères, orge ou avoine et plantes industrielles, comme ci-dessus, n° 51.

54. Quels ont été, depuis un certain nombre d'années, en remontant à trente au moins, les progrès accomplis et les améliorations réalisées dans la culture du sol ?

Depuis trente et quarante ans, la culture s'est beaucoup améliorée : on sème beaucoup plus de trèfles, on plante plus de choux et de betteraves, on augmente le nombre des bestiaux, on améliore les races, on adopte de meilleures charrues, on emploie la machine à battre. Le travail n'est pas toujours fait en temps utile, faute de bras ; on n'achète pas assez d'engrais, faute d'argent.

55. Dans quelle mesure les divers procédés agricoles se sont-ils perfectionnés ?

La réponse précise est difficile. Celle qu'on peut faire est dans les numéros précédents.

## § 10. — DÉFRICHEMENTS.

56. Quelle a été l'importance des travaux de défrichement opérés dans la contrée, et quel en a été le résultat ?

Il y avait peu de terres incultes ; il y a eu très-peu de défrichements : quelques parcelles, quelques excédants de chemins vendus par les communes, des haies abattues, les bordures des champs rétrécies, voilà, pour les terres hautes, à quoi se réduit l'augmentation du terrain cultivé.

Dans les vallées, des terrains communaux qui étaient abandonnés à la pâture, ont été vendus ou partagés, mis en culture et forment d'excellentes terres arables.

57. Quelle est l'étendue des landes et autres terres incultes ?

28. Quelles sont les causes qui se sont opposées, jusqu'à présent, à ce qu'elles aient été mises en valeur ?

Il n'y a plus de terres incultes.

## § 11. — DESSÉCHEMENTS.

59. Quelle a été l'étendue des desséchements opérés dans la contrée depuis les trente dernières années, et quel en a été le résultat ?

60. Quels obstacles la législation pourrait-elle opposer à ce qu'ils prissent plus de développement ?

On ne connaît qu'un seul desséchement d'une véritable importance, celui de l'étang de Champtocé, d'une étendue de 76 hectares. L'eau de la Loire y reflue dans les grandes eaux. Le desséchement est encore imparfait ; on ne récolte que des herbes de mauvaise ou médiocre qualité.

## § 12. — DRAINAGE.

61. Quelle est, dans la contrée, l'étendue des terres auxquelles le drainage pourrait être utilement appliqué?

62. Quel a été, jusqu'à présent, le développement donné à cette pratique agricole?

Quels en ont été les résultats?

63. Quelles sont les circonstances qui ont pu s'opposer à ce qu'elle prît plus d'extension?

Un seul propriétaire a pratiqué le drainage sur une grande échelle; il en a obtenu d'assez bons résultats. Quelques faibles essais faits ailleurs ont aussi réussi. Dans une bonne partie du canton le drainage serait utile.

Ce qui s'oppose au développement de cette pratique agricole, c'est la dépense trop considérable pour les fermiers; ils ne sont même pas assez riches, ou assez intelligents, pour accepter l'offre des propriétaires, qui leur demanderaient 5 0/0 des capitaux employés au drainage.

## § 13. — IRRIGATIONS.

64. Quel est l'état des irrigations dans la contrée? Sont-elles naturelles ou artificielles?

Autrefois, la Loire, par ses inondations, fertilisait les terres et les prés de la Vallée; mais, comme il arrivait trop souvent qu'elle détruisait les produits, les propriétaires sont venus en aide à l'État pour construire des digues, dans l'intérêt de la navigation et dans le leur.

Les petits ruisseaux sont à sec pendant l'été. Pendant l'hiver, on utilise leurs eaux, ainsi que les eaux pluviales, et surtout celles qui passent dans les villages auprès des étables. On pourrait mieux faire; mais il n'y a pas là de grandes ressources.

65. Les irrigations naturelles par débordements ont-elles diminué ou augmenté?

66. Quels sont les obstacles qui ont pu s'opposer à l'extension de la pratique des irrigations dans les terres où elle serait utile?

67. Quelle influence favorable ou contraire le régime actuel des eaux peut-il exercer sur le progrès des irrigations?

La réponse au numéro 64.

## § 14. — PRAIRIES ET CULTURES FOURRAGÈRES.

68. Quelle est, dans la contrée, l'étendue relative des prairies naturelles ?

Les prairies naturelles occupent environ 1/8 des terres labourables dans les fermes de 20 à 50 hectares.

69. Quel est le rendement moyen en fourrages des prairies naturelles ?
Quel est le prix de vente de ces fourrages depuis dix ans ?

Le rendement moyen des prairies naturelles est pour les prés de Vallée de 5,000 kilog. à l'hectare, et pour les prés hauts de 3,000 kil. Le foin des prés de Vallée se vend 60 à 65 fr. les 1,050 kil., et celui des prés hauts 45 à 50 fr. Les fermiers ne doivent point vendre de foin, mais l'employer à la nourriture de leurs bestiaux et à l'engrais de leurs terres.

70. Quelle est l'étendue relative des terres cultivées en prairies artificielles ?

Les prairies artificielles occupent ordinairement 1/5 de la terre labourable dans les fermes de 20 à 50 hectares.

71. Quels sont les frais de culture de ces prairies pour une étendue donnée en mesure locale et ramenée à l'hectare.

Si ces prairies sont du trèfle, les frais pour 1 hectare sont d'environ 140 fr. Le rendement équivaut à 4,000 kil. de foin.

72. Cultive-t-on dans la contrée d'autres plantes destinées à la nourriture des animaux, telles que choux, betteraves, navets, carottes, etc. ?
Quelle est l'étendue relative des terres employées à ces cultures ?
Quels sont leur rendement moyen et les frais qui leur incombent ?

On cultive beaucoup d'autres plantes destinées aux bestiaux, en première ligne les choux, puis les betteraves, les navets, les pommes de terre, etc.

Ces cultures occupent environ 1/4 des terres.

Les frais pour les choux s'élèvent par hectare à 250 fr. Le rendement peut s'évaluer à 5,000 kil. de foin.

Pour les betteraves, les frais sont de 230 fr. environ et le rendement équivaut à 4,500 kil. de foin.

73. A-t-il été donné depuis un certain nombre d'années un développement sensible aux cultures fourragères et dans quelle proportion ?

Ces cultures fourragères ont pris un grand développement depuis 30 ans.

74. Quel est le rendement moyen des terres cultivées en plantes fourragères des diverses espèces, trèfle, luzerne, sainfoin, betteraves, choux, etc., etc. ?

Nous venons de donner le rendement moyen des principaux produits destinés aux bestiaux.

75. Quel est le prix de vente de ces divers produits?

Ces produits ne sont jamais vendus ; ils sont consommés sur la ferme, nourrissent les bestiaux et donnent du fumier.

## § 15. — ANIMAUX.

76. Quels sont, pour les animaux de chaque sorte : chevaux, mulets, ânes, bœufs, vaches, veaux, moutons, porcs, les frais de toute nature que le cultivateur a à supporter pour dépenses d'achat, d'élevage, de nourriture, d'entretien, d'engraissement, etc.? A quels prix les animaux de chaque espèce lui reviennent-ils et à quels prix se vendent-ils?

Il n'y a ni ânes, ni mulets dans le canton.

Nous tâchons d'élever le plus possible de bestiaux. Nous en achetons, quand l'élevage fait défaut, ou pour améliorer les races.

Nos bœufs se vendent généralement à 4 ans.

Les vaches et les chevaux à tout âge.

Les porcs à 6 ou 7 semaines, à 6 mois, à 12 ou 15 mois.

Il est impossible de donner le prix de vente de ces divers animaux, puisqu'il varie suivant l'âge, la conformation, l'embonpoint, le plus ou moins d'abondance des plantes et des racines fourragères, et les cours des foires et marchés.

77. Y a-t-il amélioration dans la quantité et la qualité des animaux? Quels changements se sont opérés à cet égard depuis trente ans, soit par le choix des races, soit par leur perfectionnement, soit par de meilleurs procédés d'élevage et d'engraissement?

Il y a une amélioration notable dans la quantité et la qualité de notre bétail. Le croisement de la race Mancelle et de la race Durham se répand beaucoup et donne d'excellents produits. Une assez grande émulation se manifeste entre les cultivateurs pour le choix des races, les soins à donner à l'élevage, à l'engraissement, au labourage; le comice excite cette émulation.

78. Quelles facilités nouvelles l'extension des cultures fourragères, sur les points où elle a été constatée, a-t-elle procurées pour l'élevage du bétail et la production des engrais?

Achète-t-on pour les animaux des aliments non fournis par l'exploitation?

Cette grande amélioration est due à l'extension considérable donnée à la culture des plantes fourragères. — Nos fermiers joignent à leurs propres produits, pour hâter l'engraissement, du son et des tourteaux de graines de lin.

79. Existe-t-il un écart trop élevé entre le prix du bétail sur pied, et celui de la viande au détail? A quelles causes doit-on attribuer cet écart?

L'écart entre le prix du bétail sur pied et de la viande en détail nous paraît trop considérable.

Les octrois contribuent à cet écart, et les bouchers s'accordent entre eux pour obtenir de gros bénéfices, depuis qu'il n'y a plus de taxe officielle. L'emploi des intermédiaires entre le producteur et le boucher contribue à cet écart.

80. Quel parti les cultivateurs tirent-ils des autres produits provenant des animaux de la ferme, tels que les laines, le beurre, le lait, les fromages, etc.?

Nous élevons très-peu de moutons, — bénéfice insignifiant. Nous ne faisons point de fromage. — Les vaches, après avoir élevé leurs veaux, ont peu de lait. Le beurre se vend en moyenne 2 fr. le kil. Dans les fermes à moitié, il est abandonné aux cultivateurs pour leur ménage.

81. Quelles ressources les cultivateurs trouvent-ils dans l'élevage de la volaille?

L'élevage de la volaille est de peu d'importance dans le canton, quoiqu'elle se vende cher, ainsi que les œufs. C'est un bénéfice pour les petits closiers.

## § 16. — CÉRÉALES.

82. Quelle est, dans la contrée, l'étendue des terres cultivées en céréales des diverses espèces?

Autrefois on cultivait une certaine quantité de froment, beaucoup de seigle et un peu de méteil. Maintenant on sème beaucoup de froment, très-peu de seigle, presque pas de méteil; peu d'orge et d'avoine; cette dernière culture, interdite par les anciens baux, tend à s'accroître; point de maïs, presque point de sarrazin.

83. Quels sont pour chacune de ces céréales, les frais de culture d'un hectare de terre, ou de la mesure employée dans la localité et dont le rapport avec l'hectare sera indiqué.

Les frais de culture sont, par hectare, d'environ 300 francs, pour le froment; pour le seigle un peu moins, la semence coûtant moins cher; pour l'orge et l'avoine 260 francs. Ces frais peuvent varier, suivant la nature du sol, plus ou moins facile à labourer, suivant aussi le prix des semences.

84. Quel est le détail de ces différents frais :

Pour le froment :

| | fr. | c. |
|---|---|---|
| Labours. . . . . . . . . . . . . . . . | 40 | » |
| Hersage. . . . . . . . . . . . . . . . | 2 | 50 |
| Les semences . . . . . . . . . . . . . | 40 | » |
| Ensemencement. . . . . . . . . . . . . | 5 | » |
| Entretien . . . . . . . . . . . . . . | 5 | » |
| La moisson. . . . . . . . . . . . . . | 17 | » |
| Rentrée des grains . . . . . . . . . . | 13 | 50 |
| Battage, nettoyage . . . . . . . . . . | 40 | » |
| Fumure . . . . . . . . . . . . . . . . | 75 | » |
| Impôts . . . . . . . . . . . . . . . . | 7 | » |
| Loyer de la terre . . . . . . . . . . | 60 | » |
| Total . . . . . . . . | 305 | » |

85. Quel est le rendement par hectare pour chacune de ces espèces de céréales depuis dix ans?

Le rendement en moyenne depuis dix ans peut être par hectare :

Pour le froment. . . . . . . . 15 hectolitres.
Pour le seigle . . . . . . . . 20
Pour l'orge. . . . . . . . . 21
Pour l'avoine . . . . . . . . 27

86. La production des céréales de chaque espèce a-t-elle augmenté dans une proportion sensible depuis trente ans? S'il y a eu augmentation, à quelles causes doit-elle être particulièrement attribuée? L'importation d'espèces nouvelles de céréales donnant un rendement plus considérable a-t-elle contribué dans une mesure un peu importante aux progrès de la production?

La production des céréales a augmenté depuis 30 ans, surtout pour le froment, par la raison qu'on cultive une plus grande étendue de terre qu'autrefois, et qu'on cultive un peu mieux.

L'importation d'espèces nouvelles n'a pas eu de résultats bien importants, si ce n'est que quelques-unes de ces espèces ont permis de semer du froment là où l'on ne semait que du seigle.

87. **Quels ont été les prix de vente des diverses espèces de céréales et les variations que ces prix ont pu subir depuis dix ans?**

Le prix moyen du froment pendant les dix années qui ont précédé la loi du 15 juin 1861, a été de 22 fr. Depuis la loi, le prix a été de 16 fr., sauf pour la présente année 1866, à cause de la mauvaise récolte. Le prix de revient étant en moyenne de 20 fr. pour l'hectolitre, c'est une perte de 4 fr. par hectolitre ou de 60 fr. par hectare.

88. **L'emploi des épargnes du cultivateur à la formation de petites réserves de grains est-il aussi fréquent que par le passé?**

Les grains ne peuvent se conserver indéfiniment dans les greniers et le cultivateur ne fait point de réserve.

89. **La qualité des différentes sortes de céréales s'est-elle améliorée par suite d'une culture plus soignée? Le poids d'une mesure déterminée de grains de chaque espèce s'est-il accru depuis trente ans, et dans quelles proportions?**

La qualité des froments s'est améliorée par les soins de la culture. Le poids varie, selon la nature du sol, l'espèce du blé, et la climature de 70 à 77 k.

90. **Quel parti les cultivateurs tirent-ils de leurs pailles? Quelle est la portion qu'ils utilisent dans leur exploitation et celles qu'ils peuvent livrer à la vente?**

Les cultivateurs pourraient vendre leurs pailles de 4 à 6 fr. le quintal; mais cette vente leur est interdite par les baux et par l'usage. Il leur est d'ailleurs plus avantageux de la garder pour la nourriture des bestiaux et pour la litière; sans paille, point de fumier.

## § 17. — CULTURES ALIMENTAIRES AUTRES QUE LES CÉRÉALES PROPREMENT DITES.

91. **Quelle est, dans la contrée, l'étendue des terres cultivées en plantes alimentaires autres que les céréales proprement dites?**

On ne peut nommer que les pommes de terre comme produit de quelque importance.

92. Quels sont, pour chacun de ces produits, les frais de culture d'un hectare ou d'une mesure déterminée et ramenée à l'hectare?

Quel est le détail des différents frais pour chaque nature de produits?

Les frais de culture pour un hectare sont d'environ 300 fr.

93. Quel est le rendement de chaque produit? Quelles sont les variations que ce rendement a pu éprouver depuis dix ans?

Le produit ordinaire est de 100 à 130 hectolitres.

L'affection maladive, qui, depuis longtemps, attaque ce tubercule et en avait beaucoup ralenti la culture, commence à disparaître; l'humidité de cette année l'a ramenée et menace de nouveau ce précieux produit.

94. Quels sont les prix de vente de chaque produit et les changements que ces prix ont pu subir depuis dix ans?

Le prix habituel est de 2 fr. 50 à 3 fr.

95. Leur production a-t-elle varié d'importance, et pour quelles causes?

Voir l'article 93.

## § 18. — CULTURES INDUSTRIELLES.

96. Quelle est l'étendue des terrains cultivés en plantes industrielles de toute nature?

Le chanvre, le lin, le colza.

Dans la Vallée la principale culture est celle du chanvre, on fait peu de lin.

Dans les terres hautes, un peu de lin, et une assez grande quantité de colza.

97. Quels sont, pour chacun de ces produits, les frais de culture par hectare ou par mesure locale ramenée à l'hectare?

Quel est le détail des différents frais pour chaque nature de produits?

Les frais de culture d'un hectare en colza peuvent s'élever à 190 fr., en lin, à 225 fr., en chanvre, à 450 fr., y compris tout le travail jusqu'à la vente.

98. Quel est le rendement de chaque produit et les variations que ce rendement a pu éprouver depuis dix ans?

L'hectare de colza peut rapporter 340 fr.; en lin, 350 à 450 fr.; en chanvre, 650 fr.

99. La production de chacune de ces cultures industrielles s'est-elle développée ou s'est-elle amoindrie? A quelles causes doit-on attribuer l'augmentation ou la diminution ?

La culture du colza prend beaucoup de développement, par suite du prix peu élevé des céréales.

100. Quels sont les prix de vente de chaque produit et les variations que ces prix ont pu subir depuis dix ans ?

Le chanvre, le lin, le colza, se vendent bien, beaucoup mieux que le blé. Si les cultivateurs se voyaient forcés d'abandonner les céréales, pour les cultures industrielles, dans une mauvaise année, il y aurait insuffisance de céréales, et dès lors disette. Il faut en France la surabondance comme règle et en tous cas une vente assurée des excédants.

## § 19. — SUCRES INDIGÈNES ET ALCOOLS.

101. Quelle est l'importance de la fabrication des sucres indigènes dans la contrée ?

102. La production des alcools y joue-t-elle un rôle considérable ?

103. Quels ont été les progrès réalisés dans ces deux industries ?

Point de sucre. — Quantité d'alcools insignifiants.

## § 20. — VIGNES.

104 Quelle est, dans la contrée, l'étendue des terres cultivées en vignes ?
à La culture de la vigne y a-t-elle reçu de l'extension depuis dix ans ?
111. Quelles sont les modifications qui ont pu être apportées depuis trente ans à cette culture ?
Quelles sont les causes de ces modifications ?
Quelles sont les principales espèces cultivées et quelle est la nature et la qualité des vins récoltés ?
Des progrès ont-ils été réalisés soit par un meilleur choix des cépages, soit par des améliorations introduites dans les procédés de culture ?
Les procédés de fabrication des vins se sont-ils améliorés ?

Quels sont les frais de culture des terres plantées en vignes, soit par hectare, soit par mesure locale dont le rapport avec l'hectare serait indiqué ?

Quel est le détail des divers travaux que nécessite la culture de la vigne et des frais auxquels donne lieu chacun de ces travaux ?

Quel est le rendement par hectare ou par mesure locale des terres plantées en vignes et quelles sont les variations que ce rendement a éprouvées depuis dix ans ?

Quels sont les prix de vente des vins et quel changement ont-ils subi depuis dix ans ?

Le placement des vins des diverses qualités est-il plus ou moins facile que par le passé ?

Sur dix communes, six cultivent la vigne, qui occupe le trentième environ de leur étendue.

L'oïdium a fait arracher quelques vignes ; on en a peu replanté. On ne récolte presque que des vins blancs, généralement forts et capiteux, quelques crus sont très bons. — La quantité de vins rouge est insignifiante.

Les frais ordinaires de culture sont de 66 fr. par hectare. Il y faut ajouter la fumure, le renouvellement par plantation, ou provignage, ces frais sont très-variables.

Le produit varie beaucoup ; on peut l'évaluer en moyenne à 15 hectolitres par hectare.

Les prix sont très-différents, suivant la qualité ; de 25 à 100 fr. l'hectolitre.

## § 21. — CULTURE DES ARBRES A FRUITS.

112 Quelle est l'importance de la culture des pommiers et des poiriers à cidre.
à A quels frais donne lieu cette culture dans une exploitation d'une étendue
118. déterminée et quels profits en tire le cultivateur ?

Quels sont les prix de vente des produits qui en proviennent et quelles modifications favorables à l'agriculture ont eu lieu depuis un certain nombre d'années dans la manière de tirer parti de ces divers produits ?

Il y a peu d'arbres à fruits et leurs produits ne peuvent compter comme revenu.

119 à 122.

## § 22. — SÉRICICULTURE.

Il n'y en a pas. — Rien à répondre.

## § 23. — PROPORTION DES CULTURES ET DES PRODUITS CULTIVÉS.

123. Quelle est, dans la contrée, la proportion des recettes brutes en ce que donne chacun des produits ci-dessus énumérés ?

124. Quelle est cette proportion pour une exploitation prise comme type ordinaire du pays ?

| | | | | |
|---|---|---|---|---|
| L'hectare produit | 15 hectol. froment | à 16 fr. | . . . . | 240 fr. |
| *Id.* | orge 21 | à 10 | . . . . | 210 |
| *Id.* | avoine 27 | à 10 | . . . . | 270 |

Voir les articles ci-dessus de 82 à 100.

## III.

## CIRCULATION ET PLACEMENT DES PRODUITS AGRICOLES. DÉBOUCHÉS.

125 à 135. Quelles facilités et quels obstacles rencontrent l'écoulement et le placement des produits agricoles de la contrée, leur circulation et leur transport ?

Quels sont les débouchés qui leur sont déjà ouverts et ceux qu'il serait possible de leur ouvrir encore ?

Quels progrès la viabilité y a-t-elle faits depuis un certain nombre d'années, en remontant à trente ans au moins ?

Quelle a été l'entendue des voies de communications nouvellement créées et l'importance des améliorations apportées à celles qui existaient ?

Quelles ont été les lignes de chemin de fer construites et mises en exploitation ?

Quels travaux, pour la création de voies nouvelles ou l'amélioration des voies existantes, ont été faits en ce qui concerne les routes impériales ?

Mêmes questions pour les routes départementales.

Mêmes questions pour les chemins de grande communication.

Mêmes questions pour les chemins vicinaux.

Mêmes questions pour les chemins ruraux et d'exploitation.

Mêmes questions pour les fleuves, rivières et canaux.

Autrefois la Loire était la seule voie par laquelle pouvaient s'écouler les produits lourds et encombrants. La navigation de ce fleuve, souvent entravée, quelquefois suspendue par les basses-eaux, se soutient péniblement en présence du chemin de fer de Tours à Nantes. La route impériale de Paris à Nantes est très-bien entretenue ; les routes départementales laissent peu à désirer. Les chemins vicinaux sont passables, les chemins ruraux mauvais. Les communes pourraient être autorisées à porter sur ces derniers une partie de leurs prestations.

136 et suiv. Quelle est la direction donnée aux divers produits agricoles de la contrée et quelles variations cette direction a-t-elle éprouvées depuis trente ans ? La facilité et la rapidité plus grandes des communications ont-elles, depuis un certain nombre d'années, donné de l'extension aux expéditions des produits agricoles à des distances éloignées ?
Quels sont ceux de ces produits qui ont plus particulièrement pris part à ce mouvement ?
Quels progrès serait-il possible de réaliser encore à cet égard ?
Quelle influence de perfectionnement des voies de communication a-t-il exercée sur le prix de revient des produits agricoles ?
La facilité des communications a-t-elle eu pour effet de niveler les prix et de faire disparaître les inégalités souvent considérables qui existaient à cet égard d'une contrée à une autre ? Ne serait-ce pas par ce motif que l'on peut expliquer que, dans certaines contrées où les récoltes ont mal réussi, les prix restent à un taux peu élevé, tandis qu'ils se maintiennent à un chiffre rémunérateur dans des pays où les récoltes ont été surabondantes ?
Quelle comparaison peut-on établir sous ce rapport entre l'ancien état de choses et la situation actuelle ?
Quels sont les frais de transport que les produits agricoles ont à supporter pour être dirigés des lieux de production sur les lieux de consommation ?
A combien s'élèvent ces frais sur les chemins de fer ? Quels sont les prix des tarifs et les autres dépenses accessoires ?
Quelles sont les dépenses des transports par les routes de terre ?
Quels sont les frais de transport par les voies navigables ? Quelle peut être particulièrement l'influence exercée sur les débouchés par les droits de navigation intérieure perçus sur les fleuves, rivières et sur les canaux appartenant à l'État ou exploités par voie de concession ?

Nos céréales vont à Paris, ou à Nantes et de Nantes à l'étranger.

Nos chanvres s'emploient à Angers et à Nantes.

Nos bestiaux, dès qu'ils sont suffisamment engraissés, sont dirigés sur Paris par les voies de fer.

Les herbagers, les nourrisseurs de Normandie enlèvent beaucoup de nos bestiaux demi-gras.

Avant 1790, nos vins trouvaient un débouché avantageux en Hollande. Les guerres civiles et étrangères de la fin du siècle dernier ont supprimé cette importante exportation, que des traités de commerce pourraient rétablir. A présent presque tous nos vins se consomment dans le pays.

La grande facilité des transports tend à niveler les prix, favorise l'arrivée des engrais et l'écoulement des produits. — Il serait bon de modérer les tarifs pour tous les produits agricoles et tous les engrais.

## IV.

## LÉGISLATION. — RÉGLEMENT. — TRAITÉS DE COMMERCE.

147. Les grains importés de l'étranger sont-ils venus depuis quelques années faire concurrence aux grains indigènes sur les marchés de la contrée? Dans quelle mesure? Quels ont été les effets de cette concurrence?

Les grains étrangers arrivent bien peu dans notre canton, si ce n'est dans une extrême disette; mais il suffit que l'importation ait lieu sur d'autres points de la France, pour produire l'avilissement des prix. L'hectolitre de blé ne vaut à Odessa que 11 fr., il peut se vendre à Marseille 15 fr. 50 cent., et à Paris 17 fr. 75 cent. Nos grains ne peuvent soutenir cette concurrence, même en ayant égard à leur qualité supérieure. Si nous vendons à 17 fr. et même à 16 fr., c'est que nous aimons mieux vendre à perte, que de laisser nos grains périr dans nos greniers.

148. Quelle part la contrée a-t-elle prise au mouvement d'exportation des céréales françaises à destination de l'étranger? Si des expéditions de ce genre ont eu lieu, quel en a été l'effet?

Voyez l'article 136.

149. Quels ont été les effets produits par la suppression de l'échelle mobile et quelle est l'influence de la législation qui régit aujourd'hui notre commerce d'importation et d'exportation des grains avec l'étranger depuis la loi du 15 juin 1861?

La suppression des droits sur le blé étranger est venue tout-à-coup surprendre le cultivateur français, qui n'y était pas préparé, et le mettre, avec toutes ses charges, en présence de produits qui ne supportent pas les mêmes frais que les nôtres. Le blé a baissé outre mesure, et le cultivateur est dans la gêne.

150. Quelle influence attribue-t-on aux opérations d'importation temporaire

des blés étrangers pour la mouture et de réexportation de farines, et à l'application des réglements spéciaux relatifs à ces opérations, notamment en ce qui concerne les acquits à caution ?

Le régime des acquits à caution n'est avantageux qu'à quelques spéculateurs. Par le fait, il supprime le droit très-insuffisant des 0 fr. 50 c. Il faudrait au moins que la faculté d'introduire des blés en franchise ne pût s'exercer que pour les grains et farines, qui entrent et sortent par les mêmes ports.

151. Quelle a été, dans la contrée, l'importance des quantités de blé étrangers introduites pour la mouture ? Quelles ont été les quantités de farines exportées en représentation des blés étrangers admis pour la mouture ? Quel effet ces opérations ont-elles pu avoir sur le cours des grains ?

Nos meuniers ne font moudre que les grains du pays.

152. Quelle action ont pu exercer les traités de commerce conclus avec diverses puissances étrangères au point de vue du placement des prix de vente et des débouchés extérieurs des divers produits agricoles : savoir :

Les céréales ?
Les vins et spiritueux ?
Les sucres indigènes ?
Le bétail ?
Les laines ?
Les beurres et fromages ?
Les volailles et les œufs ?
Les légumes et les fruits frais ?
Les graines oléagineuses ?
Les plantes textiles ?
Les plantes tinctoriales, etc., etc. ?

L'effet des nouveaux traités de commerce a été d'abaisser le prix de l'hectolitre de bléà 16 fr., au lieu de 20 fr. à 22 fr.

Pour les autres produits, les réponses se trouvent ci-dessus.

L'entrée en franchise des bestiaux étrangers ne paraît pas avoir exercé une grande influence sur le prix des nôtres, qui se sont maintenus jusqu'à présent. Le vide considérable que le typhus a produit dans les étables des contrées voisines a sans doute contribué à maintenir les prix assez élevés de notre bétail ; mais cet état nécessairement passager chez nos voisins venant à cesser, il est à craindre que l'introduction de leurs bestiaux ne pèse d'une manière fâcheuse sur les cours. Un droit de 5 p. 0/0 à l'entrée serait une mesure prudente et salutaire.

153. Quelle influence ces même traités ont-ils pu avoir sur les prix de vente et de location des terres qui sont à portée de profiter des nouveaux débouchés extérieurs qu'ils ont créés ?

Après avoir monté graduellement d'une manière fort remarquable, les prix de vente et de location des terres paraissent rester stationnaires depuis le traité de commerce.

154. Quel a été l'effet de ces traités sur l'importation étrangère, et, par suite, sur le prix de revient des matières premières servant à l'agriculture, notamment :

Les fers, et, par suite, les machines agricoles et les instruments aratoires ?

Les engrais ou autres substances servant à l'amendement des terres ?

Les étoffeset les vêtements, etc., etc. ?

Si les fers ont diminué de prix, l'agriculture en profite bien peu : les machines agricoles restent à des prix très-élevés ; les fabricants d'instruments aratoires, les charrons et taillandiers n'ont pas abaissé leurs prix.

Il n'y a pas de diminution sur les engrais, sauf sur la guano, et elle est très-légère.

Les étoffes ont diminué de prix et perdu en qualité.

## V.

## QUESTIONS GÉNÉRALES.

155 et suiv. Quels sont, dans la législation civile et générale, les points auxquels il paraîtrait y avoir lieu d'apporter des modifications que l'on considérerait comme utiles à l'agriculture ?

Quels sont, dans la législation fiscale, les points auxquels il paraîtrait y avoir lieu d'apporter des modifications que l'on considérerait comme utiles à l'agriculture ?

Quelles sont les autres causes générales qui ont pu influer dans un sens favorable ou nuisible sur la prospérité agricole ?

Quelles sont les causes secondaires qui pourraient créer des obstacles plus ou moins sérieux au libre développement de cette prospérité ?

L'extrême division de la propriété, le morcellement des terres qui va croissant sont un grand obstacle aux progrès de l'agriculture, à l'emploi des machines, aux perfectionnements des procédés agricoles. On peut proposer comme remèdes : une plus grande latitude donnée au droit de tester; une très-forte diminution dans les droits pour les échanges de parcelles contiguës, dans ceux de transmission directe des héritages ; pour évaluer les droits de mutation, il serait juste de faire déduction des dettes ; autrement, on fait payer à l'héritier ce qu'il ne possède pas et ne possédera jamais. Il faudrait opérer une grande réduction sur les impôts directs; ce sont ceux qui pèsent le plus sur l'agriculture.

Une des causes de l'émigration vers les villes, c'est l'éloignement des grands propriétaires. La décentralisation administrative, de plus larges attributions données aux conseils de département, d'arrondissement et des communes; favoriser l'influence de la grande propriété; ce serait autant de moyens de retenir les propriétaires au milieu de leurs champs et des populations rurales, et d'obtenir pour tous de véritables progrès moraux et matériels.

Le vice de notre civilisation est d'être essentiellement citadine, d'attirer dans les emplois publics, dans la vie luxueuse des villes, dans le commerce et l'industrie toutes les forces de la nation. Depuis deux siècles, la jeunesse française est élevée dans l'ignorance de la science rurale. Il faut tourner de ce côté l'instruction primaire et même l'instruction secondaire. On diminuerait ainsi le nombre des déclassés, l'un des fléaux de la société actuelle.

Il faut que le capital détruit par le luxe, absorbé par la spéculation, soit ramené à la terre, par les lois, les institutions et les mœurs. Qui fait les lois? les mœurs; qui fait les mœurs? l'éducation. Or, dans toutes nos écoles, on prépare des sujets pour les arts, pour l'industrie, pour toutes les fonctions publiques; nous ne voyons pas qu'elles préparent personne à la plus grande, la plus essentielle des fonctions sociales, celle de propriétaire rural.

Que les instituteurs fassent pénétrer dans l'esprit de leurs élèves des deux sexes, les avantages réels de la vie agricole, leur fassent comprendre les dangers de toutes sortes du séjour des villes, où la misère est réellement plus poignante que dans les campagnes, où non-seulement les pauvres, mais les ouvriers, sont plus mal logés, plus exposés à toutes les intempéries des saisons, à toutes les épidémies, à toutes les maladies contagieuses.

Si la liberté de commerce est bonne en soi, il lui faut imposer certaines limites : des industries bien moins nécessaires à la France que l'agriculture, ont obtenu des tarifs protecteurs qui varient de 9 à 30 pour °/ₒ. — Il nous paraît nécessaire que les blés étrangers paient à leur entrée un droit fixe, de 2 fr. par hectolitre, ou de 2 fr. 50 par quintal métrique. Ce droit compensateur fera supporter à ces produits une partie des charges de notre production. Il ne pourra en résulter pour le consommateur qu'une augmentation insignifiante dans le détail.

Disons en passant que la liberté de la boulangerie n'a profité qu'aux boulangers.

Il serait souverainement injuste que les producteurs de blé fussent condamnés à travailler à perte. L'agriculture est la première, la plus importante, la plus intéressante des industries, celle qui occupe le plus de bras, celle qui fournit les meilleurs citoyens et les meilleurs soldats, c'est la force vive de la nation.

159. Les réunions commerciales, telles que les foires et marchés, destinées à la vente des produits agricoles, sont-elles en nombre insuffisant, ou sont-elles, au contraire, trop multipliées ?

Les foires sont bien assez nombreuses. On pourrait en mieux fixer les époques, pour éviter qu'elles se nuisent réciproquement.

160. Existe-t-il des mesures réglementaires émanant des autorités locales et qui seraient de nature à entraver les transactions ?

L'avantage de l'uniformité des poids et mesures se trouve annulé par la manière dont sont rédigées la plupart des mercuriales; celles de Paris, entre autres, sont inintelligibles pour les fermiers de notre canton. Il faudrait que le prix des céréales fût toujours exprimé par cent kilogrammes.

Il est à souhaiter que les gardes champêtres soient plus autorisés, qu'ils puissent dresser tous les procès-verbaux qui sont du ressort de la gendarmerie. On parle de les embrigader; ce serait une mesure dangereuse, si elle devait les soustraire le moins du monde à la surveillance et l'autorité des maires. L'autorité gratuite et paternelle des maires ( pris dans le sein des conseils municipaux ), doit être fortifiée plutôt qu'amoindrie.

161. Quels seraient enfin les moyens les plus propres à améliorer la condition de l'agriculture, et quelles mesures croirait-on devoir proposer dans ce but ?

Nous ajouterons comme une dernière et importante considération, que les travaux de luxe dans les villes, et surtout dans la capitale, sont une des causes les plus puissantes d'émigration, de démoralisation, de ruine!

Telles sont les considérations que m'ont inspirées mes faibles lumières, ma longue expérience, et que je consigne ici en toute conscience.

*Le Vice-Président du Comice agricole du canton de St-Georges-sur-Loire.*

C DE BOISSARD.

*Angers, novembre* 1866.

Par un regrettable malentendu, le Comice du canton de St-Georges-sur-Loire n'a pas été consulté; le Vice-Président a donné seul ici ses appréciations; il croit pouvoir affirmer qu'elles seraient adoptées par la presque unanimité des membres du Comice; il en peut produire comme preuve la pétition ci-après, rédigée et signée, le 17 mai 1866, et qui n'a pas été adressée à S. Exc. le Ministre de l'Agriculture, du Commerce et des Travaux Publics, dans l'attente de l'enquête promise alors et qui s'achève aujourd'hui.

## *Vœux émis par le Comice agricole de Saint-Georges-sur-Lcire (Maine-et-Loire).*

Le Comice agricole du canton de St-Georges-sur-Loire (Maine et Loire, s'est réuni le 17 mai 1866, sous la présidence de M. de Boissard, Vice-Président.

M. le Président a ouvert la séance par une allocution dans laquelle il a exposé les souffrances de l'agriculture, et insisté sur la nécessité de se concerter pour signaler à la sollicitude du Gouvernement les remèdes qu'il convient d'apporter à la situation.

Après délibération, le Comice a arrêté les résolutions suivantes :

Considérant qu'il est généralement reconnu que le prix de vente actuel des blés est à peine égal au prix de revient ;

Considérant que, sans imputer à la loi de 1861 la responsabilité entière et directe de cet état de choses, il est permis de craindre que la menace seule d'une importation sans frein et sans limite ne pèse dans l'avenir sur les cours ;

Considérant que les nations qui ont adopté les principes du libre échange ont néanmoins maintenu la perception de droits fiscaux; que notamment l'Angleterre, malgré le déficit annuel qui lui impose la nécessité de s'approvisionner au dehors, perçoit par ses douanes quinze millions sur les céréales étrangères;

Considérant qu'un droit fixe de 2 fr. 50 c. par quintal métrique, sans inspirer aucune inquiétude pour notre approvisionnement dans les années de disette, peut servir à modérer une importation excessive, dont le résultat serait d'avilir les cours par une accumulation exagérée du stock de réserve, comme celle qui s'est produite en 1861 ;

Considérant que des industries moins nécessaires à la France que l'agriculture ont obtenu des tarifs protecteurs qui varient de 9 à 30 p. °/₀;

Considérant que, sans réclamer pour l'agriculture le retour au régime de la protection, on ne fait qu'invoquer un principe de stricte justice, en demandant que les produits agricoles étrangers supportent à leur entrée en France la part d'impôts afférente aux produits similaires français, ces produits ayant, eux aussi, quand ils sont exportés, à payer des droits fiscaux aux douanes étrangères ;

Considérant qu'il importe que les droits établis soient efficacement perçus ;

Considérant que la perception de ces droits peut fournir au Gouvernement une recette de 30 à 35 millions, et lui permette ainsi de venir en aide à l'agriculture, sans qu'il en résulte le moindre trouble dans les finances;

Considérant que l'impôt foncier est celui qui atteint le plus directement toutes les branches de l'agriculture ;

PAR CES MOTIFS,

Le Comice agricole émet les vœux suivants :

ARTICLE 1er. — Le droit fixe de 50 centimes, établi par la loi du 15 juin 1861, sera porté à 2 fr. 50 c. par quintal métrique de blé importé.

ARTICLE 2. — La faculté d'introduire des blés en franchise de droits, à condition de les réexporter à l'état de farines, ne pourra s'exercer que pour les grains et farines qui entrent et sortent par le même port.

ARTICLE 3. — Les produits agricoles étrangers, de toute nature, tels que les autres céréales, les laines, les bestiaux, seront soumis, à leur entrée en France, à des droits spécifiques calculés sur le pied de 5 pour cent de leur valeur moyenne.

ARTICLE 4. — La recette annuelle obtenue par la perception de ces droits sera affectée à la réduction de l'impôt foncier.

Fait et arrêté en séance les jours et an que dessus.

Les agriculteurs dont les noms suivent, propriétaires et fermiers, membres du Comice, ne sachant signer, déclarent donner une adhésion entière aux vœux émis dans la séance du 17 mai : *Pierre Quenelle*, à la Saboraie, en Saint-Germain-des-Prés ; *François Quenelle*, à Réveillon, même commune; *Louis Marin*, à la Pinaudière, même commune; veuve *Marceau*, à la Maison-Neuve, même commune ; *Louis Lefèvre*, à la Janière, même commune; *Pierre Lefèvre*, au Bas-Pruina, même commune; *Leger*, *René*, au Grand-Souci, même commune de Saint-Germain-des-Prés; *Boumier*, aux Petites-Touches, en la commune de Saint-Georges-sur-Loire ; *Lambert*, aux Grandes-Touches et *Delaunay*, à Rochefou, en la même commune de Saint-Georges, etc., etc.

Les agriculteurs dont les noms suivent ont signé :

CH. DE LA GUESNERIE, maire de Savennières. — A. DE BOISSARD. — Comte de ROMAIN. — BESSONEAU. — AUGUSTE JURET. — MARCEAU. — DUTERTRE. — JOSEPH ROBIN. — MARCEAU, RENÉ. — FRANÇOIS NOYER. — JUSTE GAS. — C. DE BOISSARD, maire de Saint-Germain-des-Prés, Vice-Président du Comice. — SUAUDEAU, Secrétaire du Comice.

www.ingramcontent.com/pod-product-compliance
Lightning Source LLC
LaVergne TN
LVHW052011160826
845678LV00003B/1008

* 9 7 8 2 3 2 9 6 4 9 5 6 6 *